Katharina Vandrei

Experimentelles Arbeiten im Geographieunterricht

Eine theoretische Übersicht

GRIN Verlag

Impressum:

Copyright © 2009 GRIN Verlag GmbH
Druck und Bindung: Books on Demand GmbH, Norderstedt Germany
ISBN: 978-3-656-28231-0

Dieses Buch bei GRIN:

http://www.grin.com/de/e-book/155609/experimentelles-arbeiten-im-geographie-
unterricht

Universität Hildesheim

Institut für Geographie

WiSe 2009/2010

Experimentelles Arbeiten im Geographieunterricht

- eine theoretische Übersicht -

Inhalt

Einleitung

Das *geographische Experiment* ist eine Form des Unterrichts, die trotz vielfältiger positiver Argumente wenig Beachtung im Schulalltag findet. „Experimente sind nach wie vor Stiefkinder des Geographieunterrichts (WILHELMI 2000:4)". Vielmehr wird diese Unterrichtsform in naturwissenschaftlichen Fächern wie Physik, Chemie und teilweise Biologie angewendet.

In der folgenden Ausarbeitung soll ein theoretischer Überblick über Experimente im Unterricht vorgestellt werden. Dazu wird anfangs erläutert, inwiefern der Themenaspekt definiert wird und welche Probleme sich daraus ergeben. Im anschließenden Kapitel werden die experimentellen Lehrformen kurz vorgestellt. Weiterhin soll das Experiment im Unterricht vertieft werden. Dies beinhaltet die einzelnen Klassifikationen, Formen und den theoretischen Ablauf von Experimenten. Im weiteren Textverlauf werden die Vorteile und Nachteile der Unterrichtsform dargestellt. Dabei bezieht sich der Inhalt ebenso auf die Gründe der oben angesprochenen Nichtachtung. Im letzten Kapitel dieser Ausarbeitung soll zusammenfassend geklärt werden, inwiefern das Experiment im *Niedersächsischen Kerncurriculum* erwähnt wird.

Die gesamte Übersicht basiert auf eine Zusammenfassung von geographisch theoretischen Grundlagen.

2. Definition: Experiment

2.1 Probleme der Definition

Das Experimentieren wird häufig falsch definiert und verstanden. So gilt es bei einigen Lehrern schon dann als Experiment, wenn nur beobachtet oder gemessen wird. LETHMATE (2003:42 in: OTTO 2009:4) schlussfolgerte hinsichtlich einer eigenen Studie, dass „die Mehrzahl der geographische[n] Experimente [...] keine Experimente" sind. Diese Studie bezog sich nicht nur auf die Einstellung der getesteten Lehrpersonen, sondern zusätzlich auf den Inhalt von Schulbüchern. Die seit dem Bildungsplan existierenden ungenauen Anweisungen sind eine Ursache der vielseitigen Interpretationen eines Experiments. Schulbuchautoren und die zuständigen Nichtfachleute tragen zu falschen Themen- und Aufgabenvorschlägen bei (KAMINSKE 2009:21).

2.2 Definition eines „echten" Experiments

Experiment bedeutet übersetzt so viel wie „versuchen, erproben, prüfen" (PURTHZ 1988:11 in: OTTO 2009:4). OTTO definiert den Begriff *Experiment* weiterhin, indem er erläutert, dass das Experimentieren unterschiedliche Arbeitsweisen zusammenfasst, wie beispielsweise „beobachten, beschreiben, analysieren, bewerten, diskutieren und protokollieren". Ein echtes Experiment weist den typischen Ablauf mit seinen aufeinander aufbauenden Phasen auf (siehe Kapitel 4) und „muss bei gleichen Versuchsbedingungen auch bei Wiederholungen gleiche Ergebnisse erbringen (KAMINSKE 2009:23)". Besonders entscheidend bei einem Experiment sind „die Isolation und Variation des vermuteten Einflussfaktors", sodass eine Ursache-Wirkungs-Beziehung nachgewiesen werden kann (ARNING & LETHMATE 2003:35).

BREITBACH (1999:41 In: ARNING & LETHMATE 2003:35) definiert ein geographisches Experiment wie folgt: „ Das Experiment ist ein Verfahren zur überprüfbaren Ermittlung von Einsichten in einem geographisch relevanten, regelhaften und meist auf Naturphänomene bezogenen Vorgang. Dieser wird zunächst isoliert, künstlich an einem Modell oder geeigneten Objekt erzeugt, dann beobachtet und anschließend erklärt."

3. Experimentelle Lehrformen

Das naturwissenschaftliche Arbeiten im Geographieunterricht lässt sich in drei Formen unterteilen: das Beobachten, das Untersuchen und das Experiment. Diese Arbeitsweisen werden von PIETSCH (1954/55 zit.: LETHMATE 2006:5) zu den experimentellen Lehrformen zusammengefasst und werden wie folgt definiert:

3.1 Beobachtung

Das Beobachten bezieht sich lediglich auf die „Eigenschaften, Merkmale, räumliche und zeitliche Aspekte einer Erscheinung (LETHMATE 2006:5)" und schließt keinen Eingriff in das Objekt ein.

3.2 Untersuchung

Anders als bei der einfachen Beobachtung umfasst der Versuch ein Eingreifen in das Objekt bzw. in die geographisch relevanten Prozesse. Nach LETHMATE (2006:5) ist das Untersuchen ein Beobachten mit Hilfsmitteln. Dabei kommen diverse Arbeitsmittel zum Einsatz und macht diese experimentelle Lehrform sehr vielfältig. Zu den Untersuchungen gehören Arbeitsweisen wie Messungen und Kartieren.

3.3 Experimentieren

Wie in der Definition bereits beschrieben (siehe Kapitel 2), bedeutet experimentieren, dass relevante Fragen an die Natur gestellt werden und diese anhand von künstlich hergestellten, kontrollierbaren und zu veränderbaren Bedingungen untersucht werden. Das Experimentieren umfasst also die Untersuchung genauso wie eine konzentrierte Beobachtung. Jedoch werden besonders der Ablauf und die Dynamik eines natürlichen Sachverhaltes dargestellt (LETHMATE 2006:5).

Diese Zusammenfassung der experimentellen Lehrformen ermöglicht es auch die Formen des Experimentierens mit einzuschließen, die die Aspekte eines *echten Experiments* nicht erfüllen. Weiterhin bleibt die grundsätzliche Unterscheidung zwischen Natur- und Modellexperimenten erhalten (siehe Abb.1).

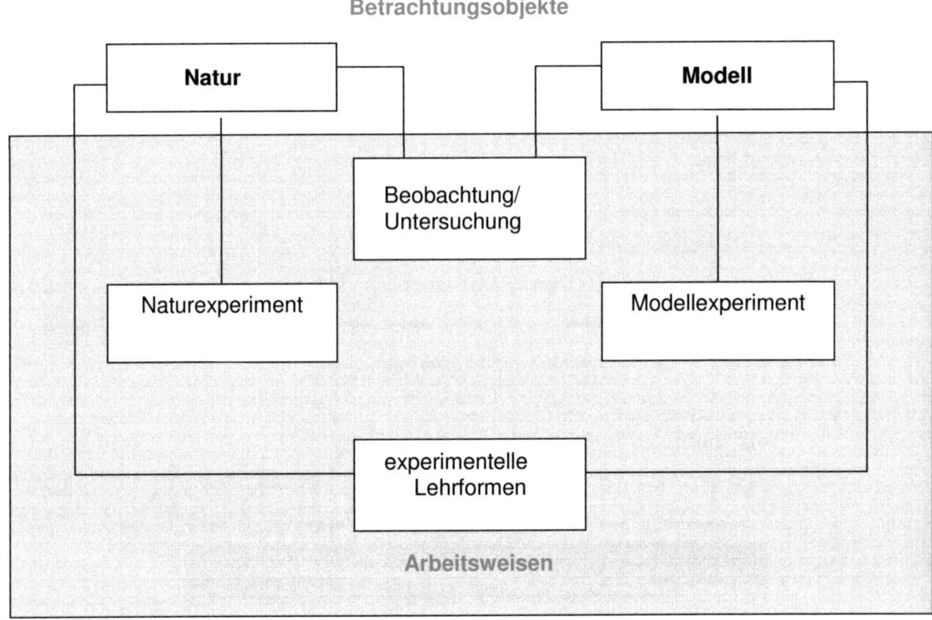

Abb.1 . experimentelle **Lehrformen in der Ebene von Betrachtungsobjekt und Arbeitsweise** verändert nach: ARNING u. LETHMATE 2003:36 (in: LETHMATE 2006:6).

4. Experimente im Unterricht

OTTO (2009:3) erläutert, dass das experimentelle Arbeiten auf der einen Seite zu den Unterrichtsformen zugeordnet werden kann; auf der anderen Seite kann es jedoch auch als Arbeitsweise klassifiziert werden, nämlich dann, wenn die Schüler/innen das Experiment selbstständig durchführen und dieses nicht als Demonstrationsexperiment eingesetzt wird.

4.1 Klassifikation nach der Versuchsanordnung

Grundsätzlich werden zwei Grundformen nach der Versuchsanordnung bei den Experimenten unterschieden. Zum einen das *Naturexperiment* und zum anderen das *Modellexperiment*. Naturexperimente finden vor Ort statt und „ führen den Schüler [ ] ohne Umweg direkt ins Geschehen (WILHELMI 2000:5)". Modellexperimente hingegen bilden die Natur vereinfacht nach und stellen diese generiert dar. Sie werden im „Trockenen", also im Klassenzimmer angewendet. Die Gefahr bei solchen Modellen besteht daher zumeist in der Verfälschung. Im Unterricht ist man deutlich häufiger auf Modelle angewiesen, da Naturexperimente organisatorisch schlecht durchzuführen sind (Erreichbarkeit des Ortes, Gefährlichkeit des Experimentes) (ARNING & LETHMATE 2003:37).

4.2 Formen methodischer und didaktischer Zuordnung

Experimente können in verschiedenen Phasen des Unterrichts angewendet werden. Sie können vom Lehrer durchgeführt werden oder selbstständig von den Schülern. Anhand dieser Aspekte werden Experimente in verschiedene Formen untergliedert (OTTO 2009:10).

Das *Einführende Experiment* wird, wie es schon der Name aussagt, zum Beginn eines Unterrichts angewandt, zumeist von der Lehrperson selbst. Diese Form des Experimentierens beschränkt sich zum größten Teil auf die Demonstration, um auf einen bestimmten Sachverhalt aufmerksam zu machen und um zusätzliches Nachdenken anzuregen. Dazu soll bei den Schülern Interesse geweckt werden. Das von den Schülern selbstständige Aufbauen und Durchführen sowie das Auswerten werden bei dieser Form vernachlässigt.

Beim *Entdeckenden Experiment* hingegen werden die Schüler mit in die Durchführung integriert. Dieses Experiment wird häufig in der Erarbeitungsphase eingesetzt. Der Schüler führt dabei das Experiment eigens in Gruppen- oder Partnerarbeit durch und überprüft seine vorher formulierten Hypothesen. Die Aufgaben des Lehrers basieren dabei lediglich auf die Beschaffung der Materialien und auf die Vorbereitung des Experimentes. Auch bei den *Bestätigenden Experimenten* beschränkt sich die Organisation und Strukturierung auf die Lehrperson selbst. Bei diesem Experiment sollen schon bereits erlernte Sachverhalte vertieft und nochmals veranschaulicht werden. Häufig wird das Bestätigende Experiment am Ende eines Unterrichts angesiedelt. Das *Experimentieren nach Anleitung* beinhaltet keinerlei Selbstständigkeit der Schüler. Ebenso wird hierbei das Formulieren von Problemen, Fragestellungen und Hypothesen vernachlässigt. Vergleicht man dies mit dem *Offenen Experimentieren* erkennt man grundlegende Unterschiede, denn bei dieser Form ist nach einer hohen Selbstständigkeit der Schüler gefragt, denen jedoch ebenso hohes Vertrauen entgegengebracht werden muss. Diese Form der Experimente erfordert schon erworbene Experimentierfähigkeiten (OTTO 2009:10).

Eine Erfolgsregel für den richtigen Zeitpunkt im Unterricht gibt es nicht. Wichtig ist es vor allem, dass das Experiment dem Unterrichtsinhalt angepasst und nicht isoliert angewendet wird (ARNING & LETHMATE 2003:35).

4.3 Ablauf eines Experiments

Ein geographisches Experiment ist in aufeinanderfolgende Arbeitsschritte untergliedert, die eingehalten werden sollten. Diese sollen im folgenden Abschnitt erläutert werden.

Anfangs wird eine Fragestellung formuliert, die sich auf das zu Beobachtende bezieht. OTTO (2009:6) weist in diesem Zusammenhang darauf hin, dass ,,der Erfolg des ,,Forschens" häufig von der Fähigkeit abhängt, die richtige Frage zu stellen". Daher sollte diesem Prozess hohe Aufmerksamkeit geschenkt werden. Im weiteren Schritt wird gemeinsam vom Lehrer und Schülern eine Hypothese formuliert. Die Hypothese stellt eine Voraussage unter bestimmten Gegebenheiten dar, das heißt, es wird ein mögliches Ergebnis prognostiziert.

Dabei ist es möglich, dass zu der formulierten Hypothese (H1) eine Gegenhypothese (H0) erstellt wird. In der Durchführung des Experiments wird die Hypothese überprüft, in der Regel in Partnerarbeit oder in kleinen Gruppen. Dabei arbeiten die Schüler mit den verfügbaren Materialien. Die formulierte Hypothese wird in dem Zusammenhang mit dem Experiment verifiziert bzw. falsifiziert. Nach der eigentlichen Durchführung ist ein Kontrollversuch erforderlich (OTTO 2009:7). Der Vorgang des Experiments wird durchgehend protokolliert; anhand von Sätzen oder Skizzen. Im nächsten Schritt folgt die Auswertungs- und Interpretationsphase. Die ausgewerteten Ergebnisse werden mit der anfangs formulierten Hypothese verglichen. Nach OTTO sollte man die erzielten Ergebnisse jedoch von der Interpretation trennen, denn die Interpretation habe einen „spekulativen, vorläufigen Charakter". Letztendlich wird die Übertragung auf andere Phänomene (Transfer) diskutiert.

WILHELMI (2000:7) weist darauf hin, dass ein durchgeführtes Experiment von den Schülern in einem Protokoll dokumentiert werden sollte. Folgende Aspekte sollten dabei beachtet werden:

- „benötigtes Material
- verwendete Methoden
- Durchführung (evt. mit Skizze)
- Beobachtung/Beschreibung
- Auswertung/Interpretation
- kritische Reflektion"

5. Vorzüge von Experimenten

Experimente sollten im Unterricht häufiger eingesetzt werden, da sie verschiedene Vorzüge aufweisen. Diese sollen im Folgenden genannt werden.

5.1 Förderung verschiedener Lernziele

Experimente fördern unterschiedliche Aspekte, wie beispielsweise das „entdeckende, forschende, problemlösende und vernetzende Lernen (OTTO 2009:8)" und weiterhin das kreative Denken bei der Formulierung von Hypothesen, der Versuchsanordnung oder auch bei der Planung. Besonders fruchtbar ist der Lernerfolg dann, wenn die Schüler das Experiment selbstständig durchführen und die Lehrperson lediglich beobachtet bzw. Hilfestellung gibt (WILHELMI 2000:4). Experimente wirken dazu sehr anregend und motivierend, da es aktuell ein sehr selten angewendetes Verfahren ist. Nach WILHELMI wird die Schülermotivation besonders dann erreicht, wenn sich die Lehrperson im Unterrichtsgeschehen zurück nimmt. Die Schüler/innen erlernen somit einen geographischen Sachverhalt anhand der Kombination von visuellen und auditiven Eindrücken. Experimente ermöglichen weiterhin Kommunikation und Interaktion und fördern somit Sozialkompetenz (KÖCK et al. 1986:241). Ebenso wird anhand der Hypothesenbildung und Fragestellungen an das Experiment „logisches und schlussfolgerndes Denken geschult (KÖCK et al. 1986:242)". Ein besonders bedeutendes Charakteristikum des Experiments ist weiterhin, dass es komplexe Sachverhalte vereinfacht veranschaulicht und trotz allem die Arbeit am Original vereint. Dabei ist die Regel, dass je komplexer der Stoff ist, je höher sind auch die Anforderungen an die Lehrperson. Bestimmte Experimente können zusätzlich die Umwelterziehung der Schüler beeinflussen (WILHELMI 2000:5) und ein somit umweltorientiertes Handeln erzielen.

Zusammenfassend fördert das Experiment also verschiedene Lernziele, wie beispielsweise die kognitiven, die instrumentalen, die affektiven und die sozialen (RINSCHEDE 2003:279).

5.2 Binnendifferenzierung

Das experimentelle Arbeiten hat zusätzlich den Vorteil, dass es sich auf die individuellen Lernvoraussetzungen der einzelnen Schüler bezieht. Die Schüler/innen nähern sich den Materialien und Verfahrensweisen des Experiments unterschiedlich und verfassen selbstständig, je nach Vorwissen, Fragestellungen. Diese Formulierungen stützen sich häufig auf individuelle Alltagsvorstellungen. „Alltagsvorstellungen [...] werden zum Ausgangs- und Anknüpfungspunkt für Lernen (SCHUBERT 2008:22)“. Eine erfolgreiche Binnendifferenzierung basiert jedoch auf eine genaue Beobachtung der Schülergruppen des Lehrers.

6. Nachteile von Experimenten

6.1 Negative Erscheinungen im Unterricht

Mit dem Einsatz eines Experiments können jedoch auch negative Folgen in Erscheinung treten. Bei einem schülerzentrierten Experiment könnte bei den Schülern Frustration auftreten, besonders bei den Lernenden, die mangelnde Erfahrungen im selbstständigen Arbeiten haben (ARNING & LETHMATE 2003:38). Der Lehrer müsste dabei in das Schülerexperiment eingreifen. Strategien wissenschaftlichen Arbeitens können bei den Schülern auch erst nach vielfältigen Anwendungen von Experimenten erlangt werden. Dabei müssen die Schüler/innen viele theoretische Informationen verarbeiten und praktische Hinweise korrekt umsetzen (KÖCK et al. 1986:241). Der positive Aspekt „die Beschränkung auf das Wesentliche in einem konkreten, dreidimensionalen Modell“ (KESTLER 2002:187) beinhaltet ein entscheidendes Problem der Reduktion, denn die „Wirklichkeit“ ist nur auf wenige Modellexperimente übertragbar.

6.2 Begründungen für das Nichteinsetzen im Unterricht

Verschiedene Studien beweisen, dass Experimente selten im Geographieunterricht eingesetzt werden. Es gibt mehrere Gründe, die den

Zugang zum Experiment erschweren (WILHELMI 2000:4). Einige Aspekte sollen folglich erläutert werden.

Ein „Haupthindernis für routinemäßiges experimentelles Arbeiten im Geographieunterricht" ist zum einen, dass Experimente kostspielig und schwer zu beschaffen sind und weiterhin, dass die Ausstattung der Räume und die des Equipments teilweise nicht erfüllt werden können (OTTO 2009:3 und KÖCK et al. 1986:241). Zur Lösung dieses Dilemmas schlägt OTTO eine Zusammenarbeit der einzelnen Fächer innerhalb der Schule vor. Jedoch ist der hohe Materialaufwand für die Lehrperson nicht besonders motivierend (KÖCK et al. 1986:241). Weiterhin argumentiert WILHELMI (2000:4), dass der „gesellschaftswissenschaftliche Schwerpunkt" der Geographielehrer sie vom Experimentieren fern hält. Dazu tragen wenig oder sogar keine durchgeführten Fortbildungen bei. Die lange Vorbereitungszeit und der ungewisse Ausgang des Experiments stellen weitere Gründe für ein Nichteinsetzten dar. Als Lehrperson sollte man ein Experiment mindestens einmal vorher durchgeführt haben, bevor es die Schüler/innen im Unterricht anwenden (WILHELMI 2000:7).

7. Experimente in Lehrplänen

Das Experiment zählt aktuell zu eines der wichtigsten Methoden im Erdkundeunterricht. Dieser Fakt wird von Instituten wie *Die Deutsche Gesellschaft für Geographie* (DGfG) und *Das Sekretariat der Ständigen Konferenz der Kultusminister der Länder in der BRD* (KMK) belegt. Die DGfG erläutert, dass die Durchführung von Experimenten in den Bildungsstandards eingefordert wird (2008: 73-76 in: OTTO 2009:8). Die Bildungsstandards beinhalten dazu unter anderem ein Aufgabenbeispiel für ein Experiment.

Das Kerncurriculum aus dem Bundesland Niedersachsen für das Fach Erdkunde und bezogen auf die Sekundarstufe 1 (speziell Realschule) beinhaltet ebenso den Aspekt „Experiment". So werden schon zu Beginn des Curriculums relevante geographische Methoden und Arbeitsweisen aufgeführt, indem das Experiment wie folgend erwähnt wird: „ Wichtige Methoden und Arbeitsweisen in diesem Kontext sind z.B.: [...] Planen, Durchführen und Auswerten von

Experimenten oder Versuchen (Niedersächsisches Kultusministerium 2008:9)“. Weiterhin wird das Durchführen von Experimenten im Kapitel des „Kompetenzbereiches Erkenntnisgewinnung durch Methoden“ erwähnt. Die Schüler und Schülerinnen sollen am Ende des achten Schuljahres simple Experimente unter Anleitung durchführen und diese auswerten können (Niedersächsisches Kultusministerium 2008:17).

Literaturverzeichnis

ARNING, H. & LETHMATE, J. (2003): Experimentelles Arbeiten im
Geographieunterricht. In: Geographie und Schule 25 (2003) H. 145, S.
35-39. Aulis Verlag Deubner: Köln.

KAMINSKE, V. (2009): Experimentelles Arbeiten in der Geographie.
Durchführbarkeit und Lerneffizienz. In: Geographie und Schule 31 (2009)
H.180, S. 21-30.   Aulis Verlag Deubner: Köln

KESTLER, F. (2002): Einführung in die Didaktik des Geographieunterrichts.
Verlag Julius Klinkhardt: Bad Heilbrunn.

KÖCK, H. , BIRKENHAUER, J., HANTSCHEL, R., HÜTTERMANN, A., LESER, H.,
SCHMIDT, K.-L., THEIßEN, U. (1986): Handbuch des Geographieunterrichts.
Grundlagen des Geographieunterrichts. Aulis Verlag Deubner & Co KG:
Köln.

LETHMATE, J. (2006): Experimentelle Lehrformen und Scientific Literacy. In:
Praxis Geographie 36 (2006) H.11, S. 4-11. Wesermann: Braunschweig.

OTTO, K.-H. (2009): Experimentieren als Arbeitsweise im Geographieunterricht.
In: Geographie und Schule 31 (2009) H. 180, S. 4-15. Aulis Verlag
Deubner: Köln

RINSCHEDE, G, (2003): Geographiedidaktik. Ferdinand Schöningh: Paderborn,
München, Wien, Zürich.

SCHUBERT, J.-C. (2008): Binnendifferenzierung beim experimentellen Arbeiten.
In: Praxis Geographie 38 (2008) H.3, S. 22-23. Westermann:
Braunschweig.

WILHELMI, V. (2000): Experimente im Geographieunterricht. In: Praxis
Geographie 30 (2000) H.9, S. 4-7. Westermann: Braunschweig.